AF240304

SUPPLÉMENT

A L'EXPOSÉ DES TRAVAUX SCIENTIFIQUES

DU

D' ÉDOUARD FOURNIÉ

PARIS

IMPRIMERIE MOQUET, RUE DES FOSSÉS-SAINT-JACQUES, 11.

—

1880

DU RÔLE

DE LA TROMPE D'EUSTACHE

DANS LA PHYSIOLOGIE DE L'AUDITION

EXPLICATION DE SON MÉCANISME FONCTIONNEL

Note lue à l'Académie de médecine dans la séance du 9 mars 1880.

Par le Dr Edouard FOURNIÉ

CANDIDAT POUR LA SECTION D'ANATOMIE ET DE PHYSIOLOGIE.

Voilà plus de trois siècles que la trompe d'Eustache a été découverte et il existe cependant de nos jours des interprétations variables:
1° Sur son rôle physiologique; 2° sur le mécanisme de son fonctionnement. Ce sont ces deux points qui vont être le sujet de notre
lecture.

1° *Rôle physiologique de la trompe d'Eustache* — En considérant
la conformation, la situation et surtout la communication de la
trompe avec la cavité du tympan on trouve assez naturel que, de
prime abord, on ait attribué à l'air qui remplit ce conduit un rôle
important dans les phénomènes de l'ouïe. Mais quand on voulut ex-

pliquer ce rôle, loin de se laisser impressionner par la grande sim-
plicité des procédés de la vie, on s'écarta de la véritable voie et on
accorda à la trompe d'Eustache des usages auxquels la nature n'a-
vait jamais songé.

C'est ainsi que, pour les uns, l'air renfermé dans la cavité du
tympan serait incapable de vibrer s'il ne trouvait pas un écou-
lement facile à travers la trompe, comme cela arrive dans les
tambours qui auraient une résonnance peu intense, si l'air intérieur n'était pas mis en communication avec l'air extérieur au moyen
d'un trou (Saunders, Itard, Bonnafont). Pour d'autres, la trompe
est destinée à empêcher la résonnance de l'air contenu dans la caisse
et, contrairement à eux, il en est qui prétendent que la trompe a
pour usage d'augmenter la résonnance de la caisse (Henle). Enfin
quelques-uns, ignorant l'expérience de Schalhammer (1), avec
laquelle on s'assure qu'un diapason mis en vibration et introduit
dans la bouche, ne réveille nullement le sens de l'ouïe, prétendent
que la trompe sert à entendre sa propre voix.

Muller, dans son *Traité de Physiologie*, a fait justice de ces hypo-
thèses en prouvant, ou qu'elles sont contraires aux lois de la physique,
ou qu'elles reposent sur des observations mal faites et il adopte l'opinion qui est le plus en faveur aujourd'hui, à savoir : 1° la trompe
d'Eustache sert à mettre l'air de la caisse du tympan en équilibre
avec l'air extérieur ; 2° à donner issue aux sécrétions de la cavité
tympanique (2). La nécessité de ces usages n'est pas douteuse :
mais il en est un troisième dont on n'avait jamais parlé et que
nous allons faire connaître.

Chacun sait que nous entendons toutes les vibrations sonores
extérieures qui impressionnent la membrane du tympan, mais que
nous n'entendons pas, dans les conditions normales, ces bruits intenses qui résultent des mouvements de la vie et dont on peut se
faire une idée en pratiquant la dynamoscopie, c'est-à-dire en in-
troduisant l'extrémité d'un doigt dans le conduit auditif externe, ou

(1) Schalhammer. *Liber unus de auditu*. Leyde, 1684.
(2) J. Muller. *Manuel de Physiologie*, tome II, p. 437.

bien encore en fermant ce conduit au moyen d'un corps inerte. Dans le premier cas, nous entendons un bruit particulier parce que le doigt est une cause sonore qui impressionne d'autant mieux le tympan que la cavité du conduit est en partie close par lui. Dans le second cas, c'est-à-dire lorsque le conduit est fermé par un corps inerte. le bruit entendu ne peut provenir que de deux sources : de l'extérieur en impressionnant les parois du crâne et en mettant en vibration la petite colonne d'air emprisonnée dans le conduit auditif externe, ou bien de l'intérieur de nos organes par un mécanisme analogue. c'est-à-dire en faisant vibrer par influence la colonne d'air enfermée dans le conduit (1).

Or, comment se fait-il que lorsque le conduit auditif externe est ouvert, notre oreille reste insensible aux bruits dont nous venons de parler ? Une seule explication est possible : les vibrations des corps solides se transmettent difficilement à une masse d'air qui n'est pas exactement circonscrite. Ainsi, par exemple un diapason qui vibre assez fort à un mètre de distance de l'oreille n'est pas entendu, tandis que si on l'approche de la bouche ouverte on entend immédiatement un son intense. Eh bien, dans les conditions normales, nous n'entendons pas les bruits intérieurs ou extérieurs transmis par les parties solides — (à moins qu'ils ne soient très-forts, comme dans l'auscultation crânienne au moyen du diapason ou de la montre appliquée sur les dents) — parce que les vibrations des parties solides éprouvent une grande difficulté à ébranler la colonne d'air renfermée dans le conduit auditif externe complétement ouvert, tandis qu'elles l'ébranlent facilement dès que l'occlusion de l'orifice transforme le conduit en cavité close.

La connaissance des faits que nous venons d'exposer nous conduit à une explication facile du nouvel usage que nous attribuons à la trompe d'Eustache. En effet, la région pharyngo-nasale, ainsi que les parties solides qui environnent la caisse du tympan sont le siège de vibrations sonores continues et assez intenses pour provoquer la

(1) Cette influence n'est pas contestable, car en pressant plus ou moins sur le conduit auditif on fait varier le ton des bruits entendus.

résonnance de cette cavité si elle était close. Mais la cavité tympanique communiquant avec l'air extérieur par le moyen de la trompe,
cette résonnance, incompatible avec l'intégrité de l'ouïe, n'est pas
possible. Voilà pourquoi nous considérons la communication entre
a cavité du tympan et l'air extérieur comme un des trois usages
essentiels de ce conduit.

Pour s'assurer d'ailleurs que notre manière de voir est exacte,
on n'a qu'à fermer la trompe d'Eustache par la contraction
du péristaphylin externe et on entendra le même bourdonnement
qu'on entend quand on ferme l'orifice du conduit auditif externe.
Ce phénomène sonore se produit involontairement pendant le bâil-
lement et toutes les fois que la trompe se trouve obstruée par une
cause morbide quelconque(1).

On peut également démontrer la réalité du nouvel usage que
nous attribuons à la trompe d'Eustache au moyen d'un petit appareil qui représente assez bien la transmission de l'air de la caisse
du tympan à la trompe et que Muller avait imaginé dans le but
d'étudier l'influence de la trompe sur l'intensité des sons.

Cet appareil se compose d'un tube de stesthoscope A, dont l'extrémité auriculaire a été supprimée et remplacée par une membrane de
caoutchouc tendu sur l'orifice.Cette dernière partie s'enchâsse à frotte
ment dans un autre tube B, plus court et s'effilant en forme de cône
de manière à pouvoir être introduit dans le conduit auditif externe.
Le premier tube représentant le conduit auditif, celui-ci correspond
à la caisse du tympan et pour que l'analogie soit complète il est
percé sur le côté d'une petite ouverture C, dans laquelle on fixe un
tube de caoutchouc D, représentant la trompe d'Eustache.

Or, si l'on introduit le tube B, dans le conduit auditif et que l'on
presse avec les doigts sur le tube de caoutchouc D, pour en fermer
l'ouverture on entend immédiatement un bourdonnement qui dis-
paraît assitôt dès qu'on cesse la pression des doigts. Un phénomène

____

(1) On s'assure qu'on contracte les péristaphylins externes par l'apparition, sur
les côtés du voile du palais, de deux fossettes grandes comme des pièces de 20
centimes et qui correspondent à l'arrivée de ces muscles sur le voile palatal.

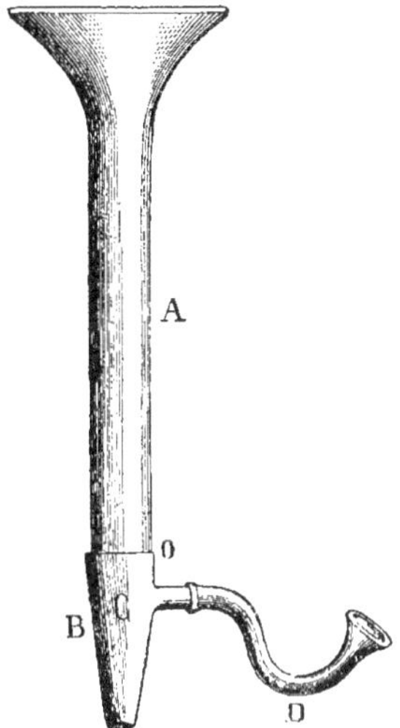

A. Tube de stéthoscope.
B. Embout destiné à être mis dans le trou de l'oreille.
C. Orifice sur lequel vient se fixer le tube de caoutchouc D.

analogue se produit si on vient à boucher le tube A, qui représente comme nous l'avons dit, le conduit auditif externe. Par conséquent, il est permis d'affirmer que, soit que l'on ferme le conduit auditif externe, soit que l'on ferme le conduit de la trompe, cette occlusion est accompagnée d'une résonnance provoquée par les vibrations des parties solides, et comme cette résonnance est un obstacle aux bonnes conditions de l'audition nous en concluons : *qu'un des usages essentiels de la trompe d'Eustache est d'empêcher, par ses rapports immédiats avec l'air extérieur et avec l'air de la caisse du tympan, la résonnance incommode des bruits intérieurs et extérieurs transmis par les parties solides dans la caisse du tympan.*

Après avoir indiqué les trois usages qui caractérisent le rôle physiologique de la trompe d'Eustache, nous allons déterminer le mécanisme selon lequel ce conduit remplit sa fonction. Cette question est d'autant plus intéressante qu'elle est encore de nos jours l'objet des opinions les plus contradictoires.

2° *Mécanisme fonctionnel de la trompe d'Eustache.* — Pour les uns, parmi lesquels nous trouvons Muller (1), Itard (2), Bonnafont (3), Sappey (4), Lucœ (5), la trompe d'Eustache serait toujours ouverte et resterait ainsi béante sous l'influence seule de l'élasticité de ses parois. Pour les autres, beaucoup plus nombreux et la plupart plus ou moins familiarisés avec la physiologie et la pathologie de l'organe de l'ouïe, la trompe serait toujours fermée en un point de son étendue et ce serait seulement sous l'influence de la contraction musculaire que ce tube peut livrer passage à l'air. Parmi ces derniers, nous remarquons Warthon Jones (6), Hyrtl (7), Toynbee (8) Yago (9), Trœltsch (10), Politzer (11), Henle (12), Zaufal (13), Yule (14), Carl Michel (15).

La gravité de cette dernière opinion, au point de vue anatomique et physiologique s'impose immédiatement à l'esprit, car il est facile

(1) *Manuel de Physiologie*, t. II, p. 436.
(2) *Traité des maladies de l'Oreille.*
(3) Bonnafont. *Traité des maladies de l'Oreille*, p. 24.
(4) Sappey. *Traité d'Anatomie*, t. III, p. 821.
(5) Cité par Trœltsch.
(6) *Cyclopedia of Surgery*, p. 23. 1841.
(7) *Vergleichende Anatomie über das innere Gehörorgan des Menschen und der Saugthiere*, p. 51. 1845.
(8) Toynbee. *Maladies de l'Oreille*, p. 198.
(9) Cité par Toynbee, p. 200.
(10) Trœltsch. *Traité pratique des maladies de l'Oreille*, p. 190.
(11) Cité par Trœltsch.
(12) *Traité d'Anatomie*, t. II, 3e livraison. 1862.
(13) Zaufal. *Revue des Sciences médicales*, 2e fascicule, p. 463. 1875.
(14) Yule. *Revue des Sciences médicales*, 1er fascicule, p. 47. 1875.
(15) *Revue des Sciences médicales*, 2e fascicule, p. 502. 1876.

de voir qu'elle conduit à accorder aux muscles qui s'insèrent sur la trompe une fonction particulière, une fonction dilatatrice.

A côté des deux opinions que nous venons d'énoncer, qu'on nous permette d'en placer une troisième, qui nous paraît essentiellement neuve et que nous formulons ainsi qu'il suit :

La communication aérienne entre le pharynx nasal et la cavité du tympan est établie d'une manière permanente par le moyen de la trompe; mais comme il est impossible que l'air circule facilement dans un canal étroit et ouvert seulement à un de ses bouts, des puissances musculaires insérées sur le parcours de la trompe favorisent et provoquent la progression de l'air par l'occlusion intermittente de ce canal.

Cette opinion, comme on le voit, diffère des deux autres : 1° en ce qu'elle fait intervenir une sorte de respiration à la faveur de laquelle l'air est poussé dans la cavité du tympan ; 2° en ce que les muscles qui s'insèrent sur la trompe, au lieu d'être des *dilatateurs* comme beaucoup le prétendent, sont au contraire des *constricteurs* et des *obturateurs*.

Des assertions aussi opposées aux idées généralement reçues demandent des preuves rigoureuses. Nous les emprunterons à l'anatomie, à la physiologie et à l'expérimentation physiologique.

A. *Preuves anatomiques et physiologiques.* — Sauf quelques particularités que nous signalerons bientôt, nous n'avons rien à ajouter à ce que l'on sait depuis Eustache et Valsalva touchant les faits anatomiques de la région de la trompe d'Eustache. Cependant notre démonstration exige que nous rappelions en peu de mots la constitution particulière de ce conduit.

La trompe est en grande partie constituée par un cartilage triangulaire dont la base forme le pavillon et dont le sommet s'insère au canal osseux. Le bord supérieur de ce cartilage se recourbe, d'un bout à l'autre, sous forme de gouttière à concavité dirigée en bas et de telle façon qu'une coupe verticale de cette gouttière donne l'image d'un bâton recourbé à l'une de ses extrémités. Le cartilage est fixé, *par la partie moyenne* de cette paroi recourbée, au bord de l'aile interne de l'apophyse ptérygoïde et sur la gouttière qui précède le canal osseux; mais le bord inférieur de cette même paroi reste libre de toute adhérence aux os du crâne.

Une membrane fibreuse tendue d'un bord à l'autre des lames car-
tilagineuses, transforme la gouttière formée par le cartilage, en
canal complet.

Comme l'avait déjà remarqué Valsalva, ce conduit est aplati d'arrière en avant et ses parois, sur le vivant, laissent entre elles un
écart de 1 à 2 millimètres dans la partie la plus rétrécie et de 4 à
5 millimètres sur les points les plus ouverts. Si l'on en croyait Valsalva, ces mêmes parois sont toujours appliquées l'une contre l'autre
sur le cadavre. (1) Cependant Rudinger (2) a démontré qu'au niveau
du bord supérieur, sous le crochet cartilagineux, il existe toujours
un espace libre arrondi et rempli d'air. Nous avons nous aussi, constaté la présence de cet espace libre à l'extrémité de la ligne en forme
de croissant qui, sur le cadavre, dessine la lumière du conduit (3).

La description anatomique que nous venons de tracer, loin d'être
superflue, nous permet d'entrevoir déjà le véritable mécanisme fonctionnel de la trompe. En effet, un tuyau applati d'avant en arrière,
placé dans le sens vertical sur des parois osseuses par sa face antérieure, et terminé, à sa partie inférieure, par une membrane fibreuse,
comment s'ouvrira-t-il ? Comment se fermera-t-il ? Pour l'ouvrir il
n'y a qu'un moyen, c'est d'appliquer une force sur sa paroi postérieure
la seule libre, et d'agir sur cette paroi, d'avant en arrière, pour
l'éloigner de la paroi antérieure. Pour la fermer, nous pouvons appliquer la force sur trois points : 1° sur l'angle inférieur du pavillon
de la trompe, de manière à rapprocher les deux parois du cartilage;
2° en comprimant d'arrière en avant le conduit, ce qui est le moyen
le plus simple ; 3° en appliquant la force sur la portion fibreuse du
canal, de telle façon qu'en tirant en bas, cette traction rapproche les
deux parois du conduit.

Tels sont les seuls moyens capables d'ouvrir ou de fermer la
trompe dans les conditions de structure et de situation de ce conduit. Eh bien, si après avoir pratiqué une coupe verticale du crâne,
au niveau des conduits auditifs externes, nous disséquons les parties

(1) Valsalva, Tractatus de aure humana venetiis, 1740, p. 31
(2) Cité par Trœltsch, p. 191
(3) Trœltsch loc. cit. p. 190, donne à cette ligne la forme d'un S.

de manière à mettre directement sous les yeux les forces musculaires qui agissent sur la trompe d'Eustache, nous n'en trouvons
aucune qui remplisse la première condition, c'est-à-dire ,qui,
s'insérant sur la paroi postérieure de la trompe, se dirige immédiatement d'avant en arrière pour éloigner les parois l'une de
l'autre, pour l'ouvrir en un mot. Au contraire, nous trouvons sur
chacun des points que nous avons indiqués plus haut des muscles
qui, par leur action, ne peuvent que rapprocher les parois de la
trompe, en d'autres termes la fermer. Ces muscles sont :

1° Le faisceau accessoire externe du *pharyngo-staphylin* qui s'insère
en haut,à l'angle inférieur du pavillon de la trompe et,en bas,se con-
fond avec le faisceau principal. L'action de ce muscle est évidente sur
le cadavre; elle l'est aussi sur le vivant quand on rapproche les piliers
postérieurs de la ligne médiane et qu'avec le miroir laryngien on
regarde ce qui se passe du côté du pavillon de la trompe ; cette action consiste dans le rapprochement des parois du pavillon (1).

2° Puis nous trouvons un muscle dont la fonction principale,
l'*élévation du voile du palais*, a toujours été bien appréciée, mais dont
l'action sur la trompe a été ou méconnue ou mal interprétée.
Nous voulons parler du *péristaphylin interne*, dont les faisceaux,
après s'être confondus dans le voile du palais en forme de sangle,
s'élèvent le long du bord externe de la trompe, tantôt s'implantant
sur son cartilage, comme nous en offrons ici un exemple, tantôt
n'ayant avec elle que des rapports de contiguité et finalement vont
s'implanter au sommet du rocher, qui est leur véritable point fixe,
après avoir croisé la trompe cartilagneuse sur la moitié de son parcours .1). Or, ne voulant pas tenir compte ici ni de l'insertion cartilagineuse ni des rapports de voisinage, qui seraient autant de motifs
favorables à notre manière de voir, nous nous bornerons simple-
ment à faire observer que la partie moyenne de la trompe se trou-

(1) Cette action est analogue à celle qui se pratique quand on ferme une fenê-
tre avec un cordon fixé sur le vasistas.

(1) Nous avons remarqué que les points d'implantation de ce muscle sont
très-variables. Nous montrons ici un morceau de trompe sur lequel l'insertion
cartilagineuse du péristaphylin interne est incontestable.

vant placée entre une paroi osseuse en haut et un faisceau musculaire au-dessous, il est impossible qu'elle ne se trouve pas oblitérée dès que celui-ci vient à se contracter. C'est comme si on comprimait un tube de caoutchouc entre le pouce et l'index.

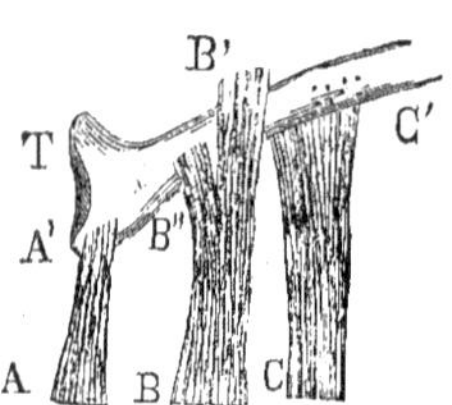

T   Trompe d'Eustache.
A   Faisceau accessoire du pharyngo-staphylin.
A' Son insertion sur le pavillon de la trompe.
B   Muscle péristaphylin interne.
B' Son insertion sur le sommet du rocher.
B" Son insertion éventuelle sur le cartilage de la trompe.
C   Muscle péristaphylin externe.
C' Son insertion sur la base de l'apophyse ptérygoïde, sur la lèvre antérieure du canal osseux, sur la paroi antérieure du cartilage de la trompe, sur le tiers supérieur de la paroi membraneuse.

Nota. Cette figure représente exactement les insertions, mais nous avons dû modifier un peu les rapports pour la clarté de notre démonstration. Sur le cadavre le péristaphylin externe est en partie caché par le péristaphylin interne.

3° Sur le troisième point nous constatons la présence d'un muscle qui a été trouvé et décrit fort exactement par Valsalva, c'est le *péristaphylin externe*. Il s'insère sur la base de l'apophyse ptérygoïde, sur la face antérieure du cartilage tubaire dans le tiers supérieur de son parcours et enfin sur le tiers supérieur de la portion fibreuse (Valsalva). En bas, après avoir contourné le crochet de l'aile interne de l'apophyse ptérygoïde, il s'étale dans le voile du palais. En dehors de son action tensive du voile du palais, ce muscle exerce sur la partie fibreuse de la trompe et sur la paroi antérieure du cartilage tubaire une traction en bas dont l'effet n'est pas de dilater le conduit de la trompe, comme le croyait Valsalva et comme on le croit aujourd'hui, mais de tendre en bas la partie fibreuse du conduit, de rapprocher par ce moyen les deux parois de la gouttière cartilagineuse, en un mot de fermer le conduit de la trompe. Ce muscle distend la membrane fibreuse, mais il ne dilate pas le conduit, au contraire, il le ferme (1).

Les faits anatomiques et physiologiques que nous venons de produire nous permettraient déjà de conclure qu'il n'y a pas de muscles dilatateurs de la trompe, qu'il n'y a que trois muscles constricteurs et obturateurs et que, par conséquent, les trompes sont toujours béantes et qu'elles s'ouvrent en vertu de leur élasticité propre quand on vient à les fermer. Mais cette opinion se trouvant en contradiction formelle avec la manière de voir généralement adoptée, nous avons cru devoir accumuler nos preuves et demander à l'expérimentation le contrôle formel qui nous paraissait indispensable.

B. *Preuves expérimentales.*

Dans une première série d'expériences, nous avons eu l'idée de

(1) Valsalva, *loc. citato*, p. 32, en avait fait un dilatateur. Disons entre parenthèses, qu'il nous a semblé qu'au point de vue spécial de sa fonction de tenseur du palais, ce muscle trouve son point fixe inférieur sur la contraction des glosso-staphylin et pharyngo-staphylin. En effet, lorsqu'on regarde au moyen d'un miroir le fond de sa gorge, si l'on contracte les deux péristaphylins externes — ce qui se reconnaît à la formation de deux fossettes qui se produisent sur les côtés du voile du palais — ou voit préalablement les pharyngo-staphylins entrer en action et se rapprocher de la ligne médiane dans le but évident d'abaisser et de maintenir le voile du palais dans une situation fixe.

remplir, sur un cadavre, la trompe d'Eustache avec un liquide coloré en noir, afin de constater si, sous l'influence de la traction des muscles tubaires, le niveau de ce liquide monterait ou baisserait à l'orifice du pavillon de la trompe. Il est évident que si le niveau baisse dans ces conditions, l'action musculaire a pour résultat de dilater, d'ouvrir la trompe, et que si au contraire le niveau monte, ces mêmes muscles ont pour effet de resserrer, de fermer la trompe. Or, dans toutes nos expériences, le niveau de l'eau est monté, de sorte que nous en avons conclu que la traction des pharyngo-staphylins et des péristaphylins interne et externe a pour effet d'obturer la trompe sur le cadavre.

Mais dans le but de rendre cette démonstration plus claire, plus exempte d'éléments étrangers, nous avons voulu la répéter sur la matière encore palpitante en provoquant la contraction musculaire au moyen de l'électricité. Les grands animaux que l'on sacrifie pour l'alimentation, tels que le cheval, pouvaient nous procurer l'occasion de pratiquer cette expérience. M. Decroix, vétérinaire principal de l'armée, qui a provoqué dans Paris, au grand bénéfice de la population pauvre, l'installation de nombreuses boucheries de viande de cheval, non seulement a bien voulu se prêter à l'accomplissement de notre dessein, mais encore il a tenu à se joindre à M. Villain, vétérinaire à Pantin, pour nous aider dans notre expérience.

Après l'abattage d'un cheval, la tête a été séparée du tronc et immédiatement nous avons mis à découvert les poches gutturales. On sait que ces poches, qu'on ne trouve que chez les solipèdes, sont constituées par une ampliation considérable de la partie membraneuse de la trompe et qu'elles ne cessent pas d'être remplies d'air quand elles ne sont pas remplies accidentellement par de la matière purulente.

Une des poches ayant été remplie avec un demi-litre d'eau colorée en noir, jusqu'au niveau du pavillon de la trompe, nous avons appliqué un des réophores de l'appareil Trouvé sur le voile du palais, et l'autre nous l'avons appliqué successivement sur le pharyngo-staphylin, sur les péristaphylins, sur le ptérygo-pharyngien et sur le stylohyoïdien. La contraction de tous ces muscles, à l'exception du

ptérygo-pharyngien, a eu pour résultat de faire sortir le liquide hors
du pavillon de la trompe, par conséquent nous sommes resté con-
vaincu, ainsi que nos deux collaborateurs, que toutes les puissances musculaires qui s'insèrent sur la partie membraneuse de la
trompe sont constrictives ou obturatrices.

Cependant, comme la contractilité musculaire s'épuise assez vite,
et que dans cette même séance nous ne pouvions pas reproduire
convenablement les effets obtenus, nous nous sommes de nouveau
réunis à l'abattoir, M. Villain et moi, et cette fois encore, peut-être
mieux que la première fois, nous avons constaté la sortie du liquide
sous l'influence de la contraction musculaire. Nous avons en outre
été frappés de l'action énergique du ptérygo-pharygien qui ferme
la trompe, immédiatement après le pavillon, à la façon d'un
cordon de bourse.

Il est bon de remarquer que les auteurs vétérinaires, reproduisant
en cela les assertions qu'on trouve dans les livres de physiologie
et d'anatomie humaines, considèrent la plupart de ces muscles
comme des dilatateurs de la trompe (Chauveau, Colin). Il est certain, pour nous, que ce sont des constricteurs.

Les expériences que nous venons de rapporter, corroborant la
signification des faits anatomiques et physiologiques déjà exposés,
nous sommes autorisé à conclure :

1° Il n'y a pas de muscles dilatateurs de la trompe ;

2° La trompe reste ouverte d'un bout à l'autre de son parcours
d'une manière permanente et quand elle se ferme sous l'influence
de la contraction musculaire, elle s'ouvre de nouveau sous l'influence seule de l'élasticité de ses parois ;

3° Les muscles péristaphylins interne et externe et le faisceau
externe du pharyngo-staphylin sont, sous réserve de leurs autres
fonctions, des constricteurs et des obturateurs de la trompe éche-
lonnés le long de son parcours.

D'après ces conclusions, il est facile de s'expliquer comment le
circulus de l'air peut s'établir entre la cavité du tympan et la région
pharyngienne. En effet, il suffit que l'occlusion de la trompe cartilagineuse se produise pour qu'il y ait une poussée du côté du
tympan, et quand le conduit vient à s'ouvrir de nouveau il

est immédiatement rempli par l'air qui vient de la cavité pharyngienne. Cette sorte de respiration, dans laquelle les muscles font office d'expirateurs et l'élasticité du cartilage celle de muscle inspirateur se produit quand nous avalons notre salive, quand nous mangeons, quand nous prononçons certaines lettres, quand nous chantons certaines notes et sur un certain registre, en un mot à presque tous les moments du jour et de la nuit. C'est pendant l'accomplissement de ces mouvements, c'est-à-dire pendant la contraction musculaire que se produit ce bruit de claquement que Muller attribuait à la tension de la membrane du tympan sous l'influence de la contraction du muscle interne du marteau et que Politzer, (de Vienne) localisait avec raison dans la trompe. Selon nous, ce bruit résulte du rapprochement brusque des parois humides du conduit sous l'influence des obturateurs.

Grâce au procédé respiratoire que nous venons de déterminer, l'air de la caisse du tympan se trouve incessamment renouvelé, ce qui n'arriverait que très difficilement si la circulation aérienne dans un tube ouvert seulement à un de ses bouts n'était pas provoquée par la contraction musculaire. Disons aussi que ces contractions périodiques favorisent la sortie des humidités qui résultent de l'évaporation aqueuse de la caisse et des sécrétions glandulaires et qu'elles permettent d'expliquer physiologiquement les phénomènes d'intermittence qui se produisent dans la santé de l'ouïe sous l'influence d'un catarrhe de la trompe d'Eustache ou d'un changement de milieu.

Qu'on nous permette, en terminant, d'adresser quelques critiques à ceux qui prétendent que la trompe est toujours close et qu'elle ne s'ouvre que sous l'influence de muscles prétendus dilatateurs. Ce sera une manière de répondre, par avance, aux objections qu'on pourrait nous adresser.

Pour démontrer que la trompe est toujours close et qu'elle ne s'ouvre que pendant les mouvements de déglutition, Toynbee et après lui Trœltsch, reproduisant une erreur de Muller, disent que pendant la déglutition, la bouche et le nez étant fermés, il se produit une *raréfaction de l'air* dans la cavité du tympan suivie de bourdonnements et d'une pression douloureuse dans le tympan. Ce malaise disparaîtrait dès que l'on déglutit, la bouche et le nez étant ouverts.

Les bourdonnements et quelquefois le sentiment de pression douloureuse se produisent, en effet, dans les conditions ci-dessus énoncées; mais on ne saurait les attribuer à un vide produit. Comment expliquer la formation de ce vide dans un tube ouvert seulement à un de ses bouts, sinon par le procédé de la ventouse? Or, rien qui ressemble à cela dans le fonctionnement de la trompe et en admettant d'ailleurs que pareil phénomène se produisît, il ne faut pas oublier que pour Trœltsch et Toynbee les mouvements de déglutition ont pour effet d'ouvrir la trompe, ce qui rend illogique toute idée de succion.

Voici, selon nous, l'interprétation qu'on doit donner des faits observés. Si on pratique quelques mouvements de déglutition, le nez et la bouche étant fermés, à chaque coup de piston, représenté par la contraction des obturateurs, l'air est refoulé dans la caisse du tympan jusqu'au moment où la contraction devient impuissante. C'est à la surabondance de l'air contenu dans la caisse et non à la raréfaction qu'il faut attribuer les bourdonnements et le sentiment de pression.

La preuve la plus formelle qu'on puisse donner de l'action obturatrice des muscles de la trompe, chacun peut la trouver en soi. Malheureusement tout le monde ne sait pas contracter volontairement les obturateurs; mais à ceux des physiologistes qui sont parvenus, par l'exercice, à ce résultat, nous leur recommandons le procédé suivant.

Le bruit de claquement qu'on entend dans les oreilles au moment de la déglutition, se développe pendant la contraction des obturateurs, — ce qu'on constate facilement en ce qui concerne le péristaphylin externe, par la formation des deux fossettes palatales — et il est engendré, selon nous, pas le rapprochement brusque des parois humides de la trompe sous l'influence de la contraction musculaire. On reproduit exactement ce phénomène avec l'appareil que nous avons décrit plus haut, en pressant brusquement sur le tube de caoutchouc après en avoir humecté l'intérieur avec un peu d'eau. Eh bien, dès que ce bruit est produit, qu'on maintienne permanente la contraction des muscles, qu'on ne respire pas, et alors on entendra le même susurrus, le même murmure qui se produit

quand on bouche l'orifice du conduit auditif externe. Cet effet est dû
à la même cause s'exerçant en deux lieux différents. Dans le premier cas, la trompe étant fermée, les bruits de l'organisme sont
transmis par les parois solides à la cavité *close* du tympan ; dans le
second cas, les mêmes bruits sont transmis à la cavité close située
entre le tympan et l'obstacle qui bouche l'orifice du conduit.

Bien que ces observations physiologiques reposent sur l'observa-
tion pure des faits, elles pourraient être dangereuses pour la vérité,
— comme cela est arrivé quand, d'après elles, on a pensé que la
trompe était toujours close — si elles n'étaient pas contrôlées par
l'expérimentation et par la raison scientifique. C'est ce que nous
avons fait avec tout le soin que nécessitait un pareil sujet. Par conséquent, c'est avec confiance que nous formulerons les conclusions
suivantes :

1° Au nombre des usages généralement attribués à la trompe
d'Eustache, et qui sont: le maintien d'une tension égale de l'air sur
les deux faces de la membrane du tympan et l'évacuation des ma-
tières sécrétées, nous en ajoutons un troisième. La trompe, selon
nous, est destinée à transformer la cavité close du tympan en cavité
ouverte, dans le but d'empêcher les vibrations intérieures et extérieures d'arriver, à travers les parties solides, dans une cavité close
et d'y provoquer une résonnance incompatible avec la bonté de
l'ouïe.

2° Contrairement à l'opinion généralement adoptée de nos jours,
la trompe d'Eustache est toujours ouverte, et la communication de
l'air extérieur avec celui de la cavité du tympan est incessante.

3° Le faisceau externe du pharyngo-staphylin, les péristaphylins
interne et externe, sont des obturateurs de la trompe d'Eustache et
non des dilatateurs de ce conduit, comme on le professe généralement.

4° L'obturation de la trompe n'est jamais que momentanée et elle
se produit jour et nuit pendant les mouvements de déglutition,
pendant la prononciation de certaines lettres, pendant le chant.

5° Le circulus de l'air de la trompe et de la caisse du tympan
représente une sorte de respiration dans laquelle les muscles obturateurs font office de forces expiratrices, tandis que l'élasticité propre
du cartilage tubaire représente les forces inspiratrices.

PARIS. — IMPRIMERIE MOQUET, RUE DES FOSSÉS-SAINT-JACQUES, 11

* 9 7 8 2 3 2 9 0 7 1 6 8 8 *